Kuroro 宇宙探查隊

U0074900

魚星人	裘莉	Kuroro	小綠
來自魚星球的成員。所有人都長得一模一樣，分不出彼此是他們最大的苦惱。	貓眼星雲附近魚星球NGC628的女王。年齡不詳，沈默寡言，身世非常神祕，是大家心目中的維納斯女神。	本喵Kuroro22222，又叫酷樂樂。為貓眼星雲NGC6543宇宙探查隊的隊長，是一隻最愛吃罐頭的黑貓。	出生的行星不明。具有敏銳的觀察力，為探查隊提供許多幫助，是很可靠的成員，同時也是擅長創造有用道具的發明家。

Kurara 宇宙探查隊

消失的光之寶石

文·圖　宇宙禮人

今天的貓眼星雲，
也是一個燦爛的大晴天。
Kuroro 跟平常一樣睡得很熟，
一邊打呼，一邊夢到自己
最喜歡的罐頭……

酷樂樂
快起床!

小綠、裘莉、
魚星人匆忙趕來
叫 Kuroro 起床。

愛賴床的 Kuroro 卻一直不肯起來。

你會被哈古長老罵喔！

今天是「任務發表日」啊！

哈古長老……

你說什麼！

Kuroro「喵！」的一聲，從床上跳了起來，急忙換上「宇宙探查隊」的制服。

動作快！

廁所

3

大家急急忙忙的出門，
匆匆奔向公車站。

停靠在車站的宇宙探查隊專用
「巴巴魚列車」已經準備出發，
正在「刷啦刷啦」的用力
擺動魚鰭。

請各位排隊上
車，不要推擠！

「終、 終於趕上了喵——！」

Kuroro 跟隊員們氣喘吁吁的上車後，
車門立刻關上， 往目的地
「宇宙探查隊總部」前進。
他們搭上的這班是
特急巴士。

當他們抵達
宇宙探查隊中心時，
哈古長老非常生氣。

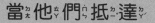

Kuroro！
你這樣太過分了！身為
宇宙探查隊的一員，竟
然賴床，太不像話了！

對、對不起
喵……

哈古長老教訓了 Kuroro 一頓，
接著輕輕的咳了一聲，
才正式開始說明這次的任務。

咳咳！

那麼我就開始
發表這次的
任務了！

這次你們要前往的
行星是……

哈「古《長ﾞ老ﾞ表ﾞ情ﾞ嚴ﾞ肅ﾞ的ﾞ說ﾞ：
「你ﾞ們ﾞ看ﾞ看ﾞ這ﾞ個ﾞ。」
他ﾞ投ﾞ放ﾞ出ﾞ某ﾞ個ﾞ影ﾞ像ﾞ。

影像中出現的，是一棵被籠罩在詭異濃霧裡的大樹。

這棵大樹就是「神木」。原本它會散發光芒，守護地球上的生命，但是……

看到 Kuroro 他們一副散漫的模樣，根本還沒意識到事情的嚴重性，哈古長老又生氣了。

地球？那裡很冷喵？應該要帶圍巾去喵。

你們有沒有認真聽我說話！？

樹會發光？好厲害的發明喵。

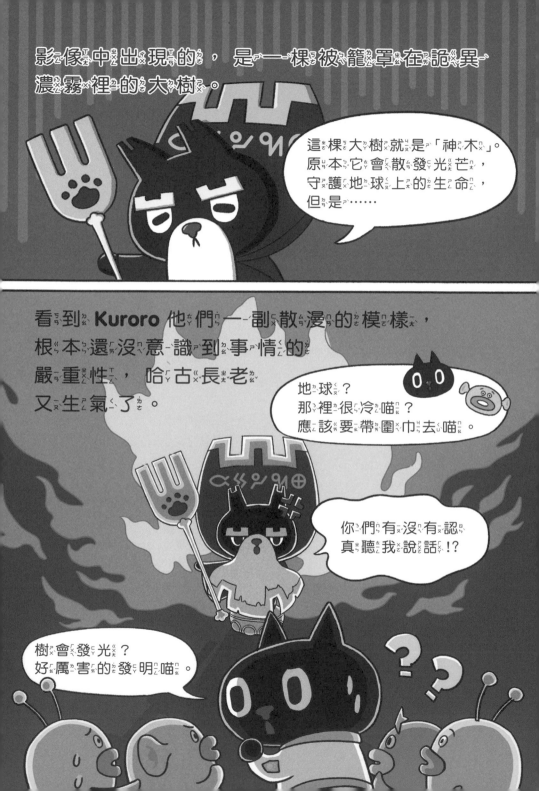

哈古長老對他們解釋，如果「神木之光」消失，將會帶來多麼嚴重的後果。

如果神木之光消失，會導致森林和河川枯竭，使生物無法繼續在地球上生存。

也就是說，地球就要「毀滅」了！

聽到這裡，所有人都緊張了起來。大家終於明白事態有多麼嚴重。

不！這樣就吃不到我最心愛的地球罐頭了喵！

竟然這麼嚴重！

什麼！？

大家嚇得目瞪口呆，哈古長老繼續對他們說明。

沒錯，所以你們這次的任務，

就是重新找回神木之光，阻止地球陷入危機！

於是，**Kuroro** 跟隊員們一起整好隊、挺直腰，精神抖擻的回應。

是的喵！

我們一定會拯救地球喵！

幾ㄐㄧˇ天ㄊㄧㄢ後ㄏㄡˋ……

終ㄓㄨㄥ於ㄩˊ到ㄉㄠˋ了ㄌㄜ前ㄑㄧㄢˊ往ㄨㄤˇ地ㄉㄧˋ球ㄑㄧㄡˊ的ㄉㄜ日ㄖˋ子ㄗ。
Kuroro 宇ㄩˇ宙ㄓㄡˋ探ㄊㄢˋ查ㄔㄚˊ隊ㄉㄨㄟˋ活ㄏㄨㄛˊ力ㄌㄧˋ滿ㄇㄢˇ滿ㄇㄢˇ的ㄉㄜ
第ㄉㄧˋ一ㄧ個ㄍㄜˋ抵ㄉㄧˇ達ㄉㄚˊ宇ㄩˇ宙ㄓㄡˋ探ㄊㄢˋ查ㄔㄚˊ隊ㄉㄨㄟˋ中ㄓㄨㄥ心ㄒㄧㄣ。

前ㄑㄧㄢˊ進ㄐㄧㄣˋ地ㄉㄧˋ球ㄑㄧㄡˊ
喵ㄇㄧㄠ！
大ㄉㄚˋ吃ㄔ地ㄉㄧˋ球ㄑㄧㄡˊ罐ㄍㄨㄢˋ頭ㄊㄡ
喵ㄇㄧㄠ！

他ㄊㄚ們ㄇㄣ抵ㄉㄧˇ達ㄉㄚˊ中ㄓㄨㄥ心ㄒㄧㄣ後ㄏㄡˋ，
首ㄕㄡˇ先ㄒㄧㄢ去ㄑㄩˋ找ㄓㄠˇ卡ㄎㄚˇ特ㄊㄜˋ教ㄐㄧㄠˋ官ㄍㄨㄢ。
留ㄌㄧㄡˊ著ㄓㄜ白ㄅㄞˊ鬍ㄏㄨˊ鬚ㄒㄩ的ㄉㄜ卡ㄎㄚˇ特ㄊㄜˋ教ㄐㄧㄠˋ官ㄍㄨㄢ負ㄈㄨˋ責ㄗㄜˊ
所ㄙㄨㄛˇ有ㄧㄡˇ的ㄉㄜ行ㄒㄧㄥˊ前ㄑㄧㄢˊ準ㄓㄨㄣˇ備ㄅㄟˋ工ㄍㄨㄥ作ㄗㄨㄛˋ，
他ㄊㄚ是ㄕˋ非ㄈㄟ常ㄔㄤˊ資ㄗ深ㄕㄣ的ㄉㄜ成ㄔㄥˊ員ㄩㄢˊ。

卡ㄎㄚˇ特ㄊㄜˋ教ㄐㄧㄠˋ官ㄍㄨㄢ，
早ㄗㄠˇ安ㄢ喵ㄇㄧㄠ！

早ㄗㄠˇ安ㄢ，Kuroro。
大ㄉㄚˋ家ㄐㄧㄚ都ㄉㄡ來ㄌㄞˊ
了ㄌㄜ啊ㄚ。

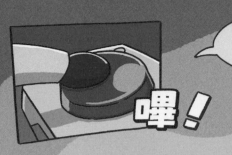

來嘍，大家看好，
新型喵喵魚一號登場！

嗶！

卡特教官按下一個紅色開關。
「嗶！」的一聲，地面開始轟隆隆隆，
非常激烈的搖晃起來……

轟隆隆隆

轟隆隆隆

喵魚號

像貓的耳朵一樣，
可以接收到遠方的聲音。
上面還裝了照明燈。

船身是魚的形狀，
可以在任何地方
自由的穿梭。

好厲害喵！ 我現在
充滿了幹勁喵——

大家一起搭上了太空船。

15

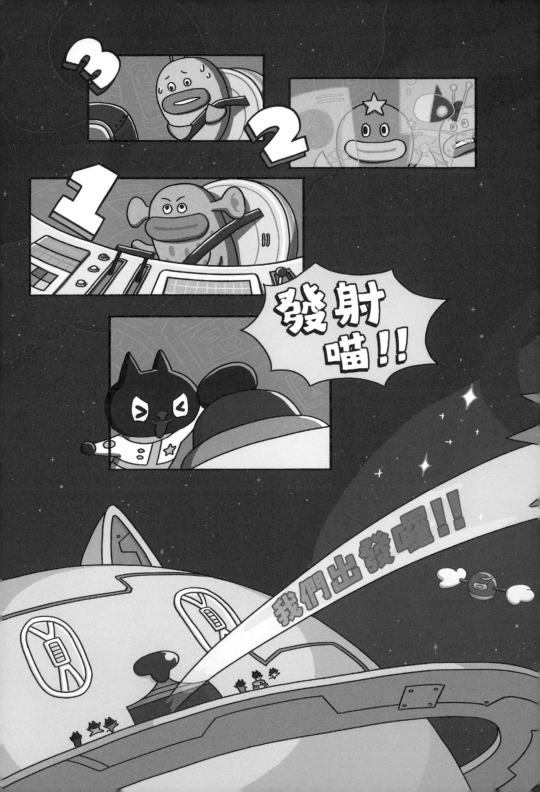

終於要出發了。
大家各自坐到
自己的位置上，
確實繫好安全帶。
Kuroro 按下「出發」的按鈕。

「3、2、1，發射喵！」
在貓眼星雲眾人的目送下，
Kuroro 宇宙探查隊踏上了前往
地球的旅程。

喵喵魚號發射後，
立刻進入飛行軌道，
朝地球前進。
飛行的速度
快得像流星一樣。
不過……

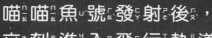

走嘍喵！走嘍喵！
地球我來嘍！喵！

太空船中的 Kuroro 等人，就像要
出門野餐一樣，完全忘記自己還
有重要的任務在身。

Kuroro 一行人懷著去野餐般的好心情，
繼續搭著喵喵魚號向地球前進。
喵喵魚號「喵喵喵」的穿過銀河，
持續著宇宙之旅。 就在這時……

嗶嗶嗶 進入太陽系!!

天王星
擁有垂直旋轉行星環的冰巨行星。

土星
有著巨大行星環的氣態巨行星。行星環多達6000道以上。

海王星
距離太陽最遠，是太陽系中最寒冷的行星。

木星
太陽系中體積最大的行星。

從窗戶可以看到外面有一顆
閃耀著藍色光芒，比其他行星更
美麗的星球。

地球

這次任務的目的地。
這顆行星的衛星叫做
月球。

金星

地表溫度超過
400℃，是太
陽系中最炎熱
的行星。

火星

表面是紅色的，所
以又被稱為「紅色
行星」。火星上有
一座名為奧林帕斯
的火山。

水星

太陽系中最小的
行星。距離太陽
最近。

大家快看外面！！

「那就是地球!?」
大家都非常的興奮。

罐頭就在那裡喵！

「任務通知球」突然發出
嗶嗶嗶的聲響， 開始不停震動。

任務通知球

上面會顯示出旅行中需要的資訊。

任務通知球上顯現出哈尼署長的影像。
哈尼署長是太陽系司令基地的
負責人。

太空船上的各位好，我是哈尼。

接下來我要向各位下達本次的任務指示。

真希望可以在那裡找到美麗的飾品。例如漂亮的貝殼。

23

哈尼署長以嚴肅的神情告訴大家，這次的任務就是要「找回神木之光，拯救地球」，同時也說明了目前他們掌握到的資訊。Kuroro 他們這時終於想起自己的任務，開始認真的聆聽。

咳咳！

關於這棵神木呢⋯⋯

神木的外觀長得又大又黑。自古以來，一直由胸口有著「♥」形圖案的守護者負責保護神木。假如能找到守護者，就能知道神木的所在地。另外⋯⋯

神木守護者？

胸口有 V 形圖案？

24

這是地球森林的地圖。

神木守護者一族住在散發香甜氣味的蜂蜜森林中……

聽說他們最喜歡在岩壁下方的水池洗澡。

※ 請大家一起根據哈尼署長提供的線索，試著找找看神木守護者可能住在哪裡吧！

25

大家一起研究地圖。

蜂蜜森林、
蜂蜜森林……

岩壁、岩壁……

洗澡的水池？

一定是這裡！

小綠指著地圖
的右上角。

你找到了嗎？
沒錯！
守護者一族就住在
地圖的右上角喔！

找到線索後，大家頓時士氣大振。
不過，就在這個時候，
喵喵魚號再次劇烈的震動起來。

差不多該準備
降落了……

「嗶嗶嗶──── 嗶嗶嗶────」
警報聲響遍整個太空船艙。
Kuroro 和小綠急忙回到
駕駛座，確認發生了什麼狀況，
但是他們並沒有察覺任何異常。

Kuroro，快控
制操縱桿！

發、發生
什麼事了!?

就在這時，裘莉跟魚星人
看向窗外，好像發現了
什麼。

是龍捲風！！

什麼!?

要失控了喵！

「哇啊啊啊～！！」

喵喵魚號被龍捲風襲擊，
開始不受控制的一直轉圈，
最後重重的摔到地面上。

難道這次的冒險任務
就要在這裡畫上句點了嗎？
喵喵魚號重重的撞上一棵樹，
機身不斷冒著煙。

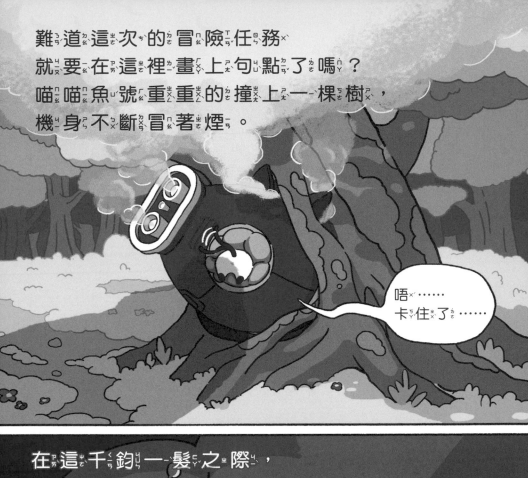

唔……
卡住了……

在這千鈞一髮之際，
柔軟又蓬鬆的氣墊保護了大家。

大家都
沒事吧？

太好了。

所有人還沒來得及喘口氣……

馬上出現下一個危機。
砰！砰！砰！
不知道是什麼東西的腳步聲漸漸
接近，聽起來似乎不太妙。

當腳步聲
在喵喵魚號
旁邊停下的
那個瞬間，
Kuroro 被一把
揪住尾巴，
拉出
太空船。

「謝謝你救我出來喵。」
Kuroro 道謝後，抬頭一看，
他眼前出現一群戴著
詭異面具的巨獸，把他和隊友們
團團包圍。

所有人被嚇得全身僵硬，動彈不得。

不曾見過的生物！偷走「神木寶石」的，就是你們吧！

「神木寶石？」
被誤認為小偷的 Kuroro 急忙解釋：
「我們是 Kuroro 宇宙探查隊喵！
不是小偷喵！ 咦？
不過你剛剛說什麼神木……
你知道關於神木的事喵？」

我們是從貓眼星雲來的喵！

儘管他們拚命解釋，巨獸的大手還是伸了過來，把他們嚇得搗住眼睛，全身發抖。

「咦-？」Kuroro 疑惑的
睜開眼睛， 看到一群
拿下詭異面具的大熊。
而且這些熊的胸口上，
竟然有著大大的 V 形
圖案。

這群大熊中，有一位
上了年紀的老熊緩緩的開口說：

真是抱歉，嚇到你們了。
我的名字叫慕達。我們是
「月熊族」，自古以來負責
守護神木。我們正在尋找
偷走神木寶石的犯人。
對了，你說你叫 Kuroro，
來自「貓眼星雲的宇宙探
查隊」，是嗎？

是喵！我們是來幫忙
找回神木之光的喵！

鼎鼎大名的宇宙探
查隊，竟然為了神
木之光而來……
你們真是拯救月熊
族的救命大神。

請跟我來，我帶
你們去看看神木。

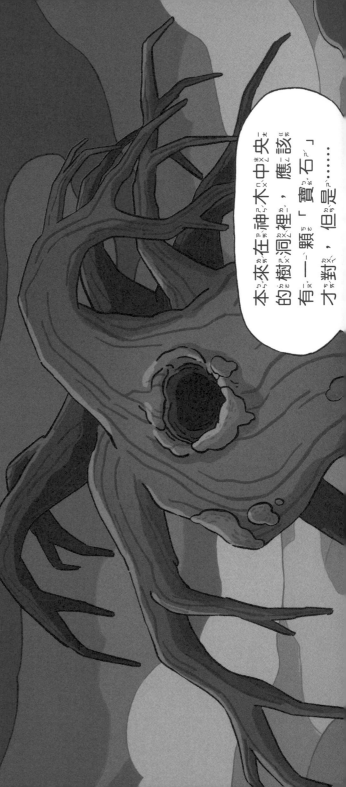

本來來往往在神木中央的樹洞裡，應該有一顆「寶石」才對，但是……

他們眼看著月熊一族一起走進森林深處，那裡筆直立著一棵參天巨樹。

「這……就是神木嗎。」

眾人眼前的神木看起來十分衰弱，似乎受到某種詛咒。

月口熊工能工的色眾奏人母族女，看母到色其色他冬們已真母無水能工！月口熊工能工的色眾奏人母族女垂奏頭女喪女氣色，大奏家母都及非气常色難奏過奏。Kuroro 決造定色……

自下從奏寶色石下被冬偷貢走及，不久過奏才奏短奏短奏幾工天母，神母木交就不衰奏弱奏到色這造個色地色步久。隨各著造神母木交的色衰奏敗奏，這造附又近下的色邪母惡む的色黑了霧水也工越出來奏越出濃久。

我母們口真母無水能工！能工守奏護交了色幾工百冬年奏，竟造然母發气生至這造種冬事下！

「各位！我們一起去把寶石找回來喵！
為了地球， 也為了月熊族……」

看到 Kuroro 誠摯的眼神，
月熊族的族人相信，
他們一定可以幫助神木
重振精神。

慕達帶領探查隊來到
神木附近的一處花圃。
咦？這裡的花怎麼
都被踩得扁扁呢？

請看這些
被踩過的花。

用我的
「雷射槍」
來調查吧！

小綠的雷射槍

可以照出足跡或
觸摸留下的痕跡。

小工綠拿出雷射槍，四處掃射花圃，
結果竟然顯現出陌生的足跡。

這就是踩扁花的
犯人腳印！？

月熊的足跡 這不是我們
族人的足跡！

這個足跡
十分可疑喵。

Kuroro 他們一路追蹤著可疑的足跡，來到森林深處。

他們穿過這座迷宮般的森林後，
來到一片灌木叢前。
仔細一看，上面還有一個
奇怪的洞。

你們看！
這是身體的
形狀喵！

這不是
我們族人
的形狀！

Kuroro 覺得，這應該是有人穿過
灌木時留下的洞。

這附近
除了月熊
族，很少
會有其他
人經過。

喵喵！
我們要查
出這個人
到底是誰！

於ㄩˊ是ㄕˋ，大ㄉㄚˋ家ㄐㄧㄚ一ㄧˋ起ㄑㄧˇ探ㄊㄢˊ頭ㄊㄡˊ往ㄨㄤˇ洞ㄉㄨㄥˋ裡ㄌㄧˇ查ㄔㄚˊ看ㄎㄢˋ，發ㄈㄚˋ現ㄒㄧㄢˋ裡ㄌㄧˇ面ㄇㄧㄢˋ光ㄍㄨㄤ線ㄒㄧㄢˋ昏ㄏㄨㄣ暗ㄢˋ，還ㄏㄞˊ有ㄧㄡˇ一ㄧˋ條ㄊㄧㄠˊ又ㄧㄡˋ長ㄔㄤˊ又ㄧㄡˋ陡ㄉㄡˇ的ㄉㄜ坡ㄆㄛ道ㄉㄠˋ。

那條坡道非常長，完全看不到盡頭。
大家都看呆了，不曉得該怎麼辦才好。
這時，Kuroro 拿出一片木板。

我們可以坐在這上面滑下去喵！

Kuroro 讓大家都坐在木板上。
「大家要抓好喵！」

3、2、1，
出發喵！

44

「咻——」大木板就像在雪地裡滑行的雪橇一樣，載著大家迅速的滑下坡道。

當魚星人享受刺激的感覺時，一旁的
慕達放聲大叫：

快停下來！我們
要掉下懸崖了！

所有人都大吃一驚，他們抬頭一看，
原來這條坡道的盡頭，
是一道懸崖！

糟了！要掉
下去了喵！

啊

大木板上的所有人就這樣順勢
被拋到半空中。
看來這次的任務真的要結束了。

這時，忽然出現了一陣「噗咻——」
的聲音。 原來是小綠
大大的吸了一口氣，
把自己的身體變成
一艘橡皮艇！

接著， 他載著大家，
降落在懸崖下方的
河面。

小綠身懷絕技，擅長利用吸進來的空氣讓身體膨脹。

慕達爺爺，這裡是哪裡喵？

我也沒有來過這個地方。

大家都沒事吧？

嗅、嗅、嗅！好像有一股臭味……

大家稍微鬆了一口氣，搭著小綠艇在河面上漂浮。

脫離危機後，大家慢慢冷靜下來、
整理心情，這才發現河水非常混濁。

而且還散發出
很臭的味道。
他們繼續
往前，

好臭喵，這到底是
什麼地方喵？

前方出現一座寫著「嘩啦嘩啦村」的
拱門。拱門後方是一座小島，
隱約傳來一陣陣
熱鬧的音樂。

嘩啦嘩啦村

嘩啦嘩啦村？

那裡有好多人喵！

是在舉辦祭典嗎？

他們搭著小綠橡皮艇，好奇的
漂向那座小島。

登上小島後，發現有好多人
都聚集在島上。原來是一場祭典。

大家看到祭典，興奮極了。
暫時忘記有任務在身，開心的
玩了起來，他們走到中央廣場，
看到高處的舞臺上站著一隻小青蛙。

小青蛙拿起大聲公「叭——」的吹了一聲，島上的人們紛紛抬頭望向舞臺。只見水獺、鱷魚跟烏龜得意洋洋的站在舞臺上，鱷魚脖子上掛著一個看起來很像光之寶石的東西。
村人們看起來興高采烈。

臺下的小綠看著舞臺上的三個人，好像發現了什麼。

※ 請仔細觀察！
這一路上掌握到的許多線索，跟這三個人之間好像有某些共通點。
大家一起來找找看吧。

那ㄋㄚˋ條ㄊㄧㄠˊ項ㄒㄧㄤˋ鍊ㄌㄧㄢˋ，我ㄨㄛˇ好ㄏㄠˇ像ㄒㄧㄤˋ在ㄗㄞˋ哪ㄋㄚˇ裡ㄌㄧˇ看ㄎㄢˋ過ㄍㄨㄛˋ……

就在這時候，慕達突然顫抖的大喊：

就是那個！ 那就是神木寶石！！！

是小偷!!

烤魷魚

讓我們用熱烈掌聲歡迎拿到光之寶石的英雄們！

發現小偷的 Kuroro 一行人全都衝向舞臺，想搶回寶石。

勇者歸來

你們要對神木寶石做什麼！

快去把寶石搶回來！

但是舞臺在很高的地方，
想要爬上去可不是一件容易
的事。

大家聽我說！
快把我丟向舞臺！

要在這麼擁擠的人潮中接近
舞臺上的神木寶石，只有這
個方法了。預備——

把寶石0

飛上舞臺的 Kuroro， 撞上烏龜小偷，
讓烏龜整個往後仰， 像顆陀螺一樣
轉了起來……
哎呀呀呀……

接著， 他又轉
向拿著寶石
的鱷魚……

給了他
重重的
一拳。

鱷魚被用力一撞，手中的寶石往天空高高飛去。

咻

大家都伸出手想接住掉下來的寶石，
寶石卻「咚、咚咚、咚咚咚」的
———從每個人的手中彈走，

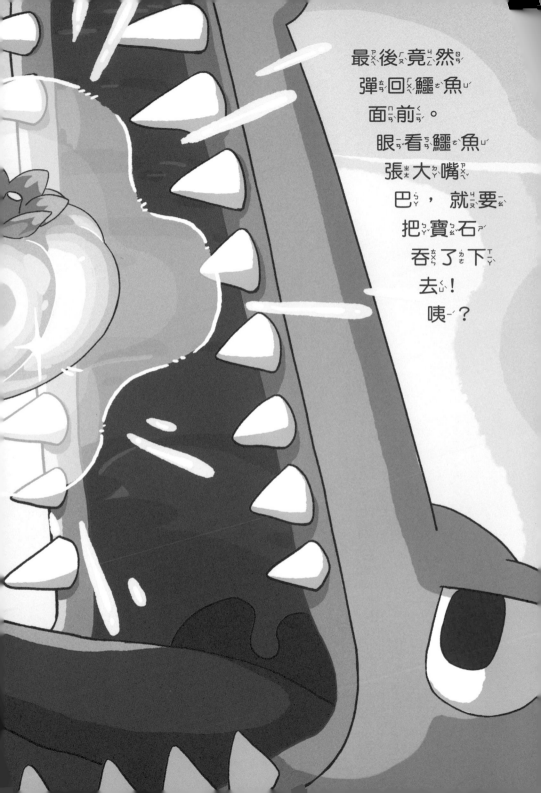

最後竟然
彈回鱷魚
面前。
眼看鱷魚
張大嘴
巴，就要
把寶石
吞了下
去！
咦？

在緊要關頭， Kuroro驚險的抓住
寶石。 他用雙腳踹開鱷魚的嘴巴，
努力的撐著。 漸漸的， 雙腳不停抖動，
眼看就快撐不住時——

鱷魚用力的閉上嘴巴，
Kuroro 瞬間被吞了進去。

大熊勒住鱷魚的脖子，鱷魚不得不
張開嘴，把 Kuroro 跟寶石
一股腦兒吐了出來。

呸！

被鱷魚吐出來的 Kuroro 和寶石就這樣
滾啊滾的，朝懸崖滾過去。
小偷水獺看到之後，立刻追了上去，
一把搶走寶石。

水獺抓住寶石的同時，
也直直的墜入湖中。
「等一一等！」擅長游泳的魚星人
跟著跳下水。

水獺毫不猶豫的往前游，似乎已經知道明確的目的地。 Kuroro 和其他人也緊追不捨。

不過湖水非常髒，他們根本無法輕易的前進。

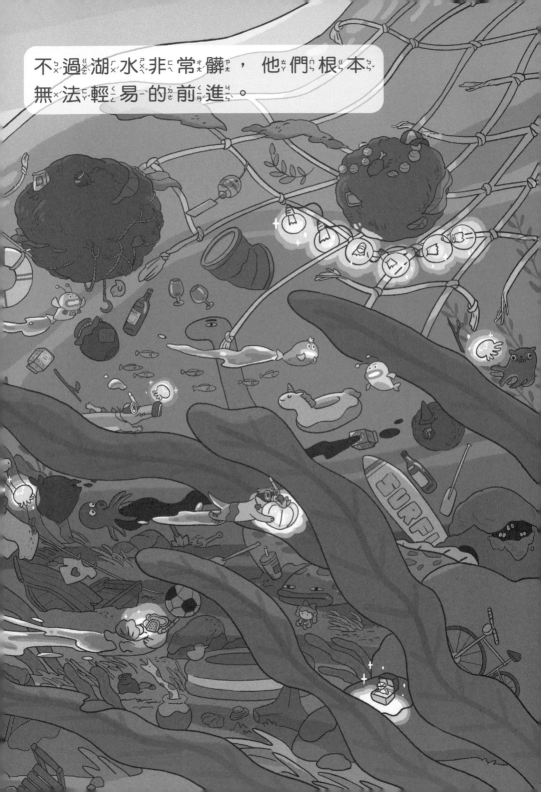

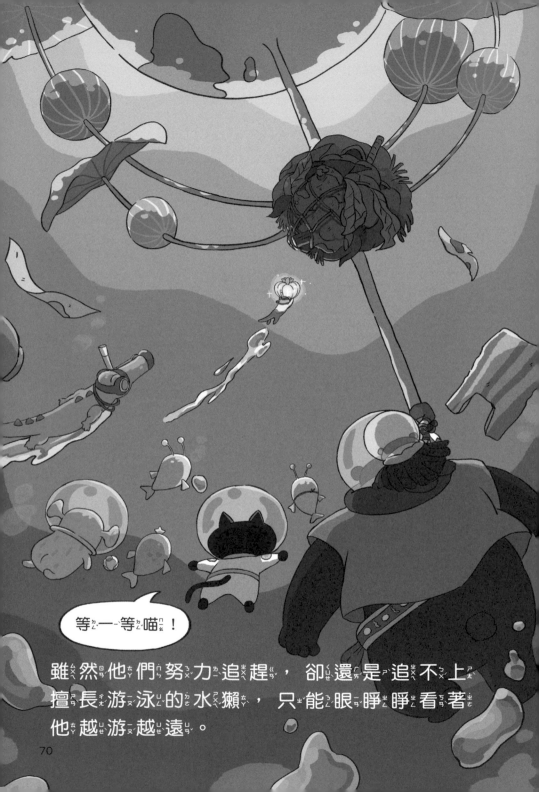

等ㄉㄥˇ一一等ㄉㄥˇ喵ㄇㄧㄠ！

雖ㄙㄨㄟ然ㄖㄢˊ他ㄊㄚ們ㄇㄣ努ㄋㄨˇ力ㄌㄧˋ追ㄓㄨㄟ趕ㄍㄢˇ，卻ㄑㄩㄝˋ還ㄏㄞˊ是ㄕˋ追ㄓㄨㄟ不ㄅㄨˋ上ㄕㄤˋ擅ㄕㄢˋ長ㄔㄤˊ游ㄧㄡˊ泳ㄩㄥˇ的ㄉㄜ˙水ㄕㄨㄟˇ獺ㄊㄚˇ，只ㄓˇ能ㄋㄥˊ眼ㄧㄢˇ睜ㄓㄥ睜ㄓㄥ看ㄎㄢˋ著ㄓㄜ˙他ㄊㄚ越ㄩㄝˋ游ㄧㄡˊ越ㄩㄝˋ遠ㄩㄢˇ。

不久後，在水獺的前方，
出現了一個黑色的物體。
看來水獺的目的地就是
這個黑色物體。

那是一堆
垃圾喵！

水獺，
交給你了！

湖之女神，
讓您久等了。

水ㄕㄨㄟˇ獺ㄊㄚˋ將ㄐㄧㄤ寶ㄅㄠˇ石ㄕˊ放ㄈㄤˋ進ㄐㄧㄣˋ黑ㄏㄟ色ㄙㄜˋ物ㄨˋ體ㄊㄧˇ中ㄓㄨㄥ，
寶ㄅㄠˇ石ㄕˊ瞬ㄕㄨㄣˋ間ㄐㄧㄢ發ㄈㄚ出ㄔㄨ眩ㄒㄩㄢˋ目ㄇㄨˋ的ㄉㄜ光ㄍㄨㄤ芒ㄇㄤˊ，
接ㄐㄧㄝ著ㄓㄜ，　那ㄋㄚˋ團ㄊㄨㄢˊ黑ㄏㄟ色ㄙㄜˋ物ㄨˋ體ㄊㄧˇ開ㄎㄞ始ㄕˇ
不ㄅㄨˋ停ㄊㄧㄥˊ的ㄉㄜ抖ㄉㄡˇ動ㄉㄨㄥˋ。

隨著寶石的光芒越來越強，那些垃圾四處飛散，周圍的湖水也跟著洶湧的向外擴散。

湖⟨ㄏㄨˊ⟩水⟨ㄕㄨㄟˇ⟩全⟨ㄑㄩㄢˊ⟩部⟨ㄅㄨˋ⟩都⟨ㄉㄡ⟩退⟨ㄊㄨㄟˋ⟩去⟨ㄑㄩˋ⟩後⟨ㄏㄡˋ⟩，
湖⟨ㄏㄨˊ⟩底⟨ㄉㄧˇ⟩出⟨ㄔㄨ⟩現⟨ㄒㄧㄢˋ⟩在⟨ㄗㄞˋ⟩大⟨ㄉㄚˋ⟩家⟨ㄐㄧㄚ⟩眼⟨ㄧㄢˇ⟩前⟨ㄑㄧㄢˊ⟩。

這⟨ㄓㄜˋ⟩個⟨ㄍㄜˋ⟩突⟨ㄊㄨˊ⟩如⟨ㄖㄨˊ⟩其⟨ㄑㄧˊ⟩來⟨ㄌㄞˊ⟩的⟨ㄉㄜˊ⟩變⟨ㄅㄧㄢˋ⟩化⟨ㄏㄨㄚˋ⟩，
讓⟨ㄖㄤˋ⟩所⟨ㄙㄨㄛˇ⟩有⟨ㄧㄡˇ⟩人⟨ㄖㄣˊ⟩都⟨ㄉㄡ⟩愣⟨ㄌㄥˋ⟩住⟨ㄓㄨˋ⟩了⟨ㄌㄜˊ⟩。

整片湖底滿滿的都是垃圾，
真令人難以置信。

村民們一一走到湖底。

三個小偷目睹這個慘烈的景象，
頓時渾身無力，全都癱坐在地上。

慕達也很驚訝。
「到底為什麼會這樣？」

誰能來
說明一下，到底
發生什麼事了？

這棵樹就是湖之女神，也是嘩啦嘩啦村從很久很久以前就開始祭祀的神明。

以前湖之女神身上也有一顆光之寶石，但是不知道從什麼時候開始，光芒漸漸變得很微弱，湖水慢慢變得又髒又黑，再也不能喝。最後，寶石的光芒澈底消失了。

就在這時，大家發現了一顆能發出一樣光芒的光之寶石。村民們心想，只要把寶石帶回來，一切就可以恢復原狀……

所以你是為了嘩啦嘩啦村，才偷走神木的光之寶石嗎？

我只是希望嘩啦嘩啦村可以跟以前一樣，有乾淨的水可以用，沒有想到事情竟然會變成這個樣子……

Kuroro 一邊撿著湖底的垃圾，一邊說道：

不過，真的是因為湖之女神的光芒消失，湖水才變髒的喵？

正好相反吧！

正是因為這些垃圾把湖水弄髒，湖之女神的寶石才會失去光芒的。就算把神木寶石帶來，也不能解決任何事。這樣反而會讓失去寶石的神木面臨危險啊！

嘩啦嘩啦村的村民們都非常羞愧。

沒想到問題竟然出在我們自己身上……

Kuroro 對沮喪的嘩啦嘩啦村民說出他的想法。

我們大家一起努力，把湖裡的垃圾清乾淨喵！

這樣一來，這裡的水一定可以變清澈喵！

真的嗎？

Kuroro 的話為嘩啦嘩啦村的村民們帶來了勇氣，他們開始撿拾湖底的垃圾。

好厲害！

撿了好多喔！

忽然一陣強風吹來，渾身髒兮兮的 Kuroro 抬頭望向天空。

是喵喵魚號來了喵！！

喵喵魚號有自動修復的能力喵！

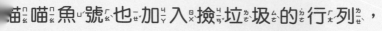

喵喵魚號也加入撿垃圾的行列，
湖底很快就變得乾乾淨淨。

慕達對湖之女神說話，
湖之女神搖晃著她的樹枝跟
葉片， 就好像在回答慕達的
問題。 接著， 她讓神木寶石
降落到慕達的手中。

終於變乾淨了。
您之前一定很
難受吧。

呵呵呵……您是說
要把寶石還給我啊。

因ㄧㄣ為ㄨㄟ所ㄙㄨㄛ有ㄧㄡ人ㄖㄣ都ㄉㄡ非ㄈㄟ常ㄔㄤ努ㄋㄨ力ㄌㄧ的ㄉㄜ打ㄉㄚ掃ㄙㄠ，
湖ㄏㄨ底ㄉㄧ變ㄅㄧㄢ得ㄉㄜ乾ㄍㄢ淨ㄐㄧㄥ又ㄧㄡ整ㄓㄥ潔ㄐㄧㄝ。 儘ㄐㄧㄣ管ㄍㄨㄢ大ㄉㄚ家ㄐㄧㄚ的ㄉㄜ臉ㄌㄧㄢ
上ㄕㄤ沾ㄓㄢ滿ㄇㄢ汙ㄨ泥ㄋㄧ， 看ㄎㄢ起ㄑㄧ來ㄌㄞ卻ㄑㄩㄝ都ㄉㄡ神ㄕㄣ清ㄑㄧㄥ氣ㄑㄧ爽ㄕㄨㄤ。

85

大家都雀躍不已，湖之女神
以乎也跟大家一樣開心，
發出閃耀又燦爛的光芒。

樹枝和葉片發出「啪啪啪」的聲響，
原本已經乾枯的湖底，再次湧進
許多湖水。

乾淨的水
又回來了！

必須快點回到
陸地上才行！

沒問題！
我們很會游泳，
包在我們身上！

86

擅長游泳的鱷魚把 Kuroro 探查隊送
回岸邊。 游到一半時， 鱷魚還故
意晃動身體嚇唬大家， 沒想到
Kuroro 反而覺得這樣很好玩。

> 怎麼樣！
> 嚇到了吧？

> 再來、 再來喵！

探查隊順利找回了神木寶石。
於是他們跟嘩啦嘩啦村的朋友們道別，
準備登上喵喵魚號，
回到神木身邊。

熊族的族人們已經聚集在神木前，等他們回來。

慕達和月熊族立刻將寶石放回神木上。

88

寶石回到原位後，
神木開始輕輕晃動……。

噓，神木動了
喵！

寶石的光芒就像電流一樣，
在整棵神木上流竄，鮮綠的樹葉
越來越茂密，再次散發閃亮的光芒。

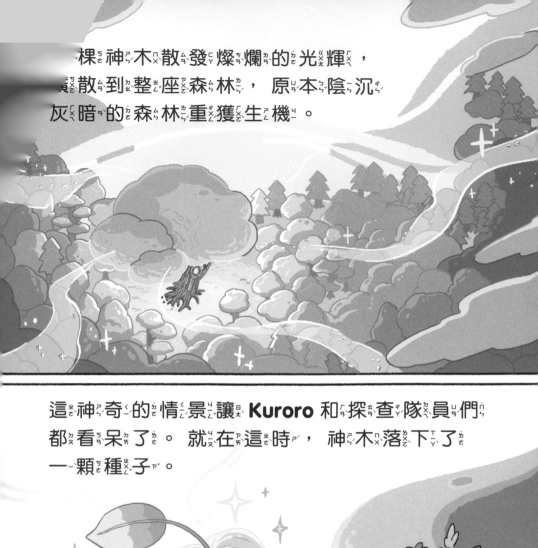

棵神木散發燦爛的光輝，
擴散到整座森林，原本陰沉
灰暗的森林重獲生機。

這神奇的情景讓 Kuroro 和探查隊員們
都看呆了。就在這時，神木落下了
一顆種子。

謝謝你，Kuroro！！

Kuroro 接住那顆落到胸前的種子時，好像聽到了一聲「謝謝」。

不客氣喵！

嗶～嗶嗶～嗶～

在燦爛的神木之光環繞下，
Kuroro 宇宙探查隊順利完成了哈古長老指派的任務。

太棒了！

Kuroro探查隊，恭喜你們
完成任務，辛苦了！

神木又恢復健康了！

太好了喵！
任務完成喵！

有我小綠在，這點小事不算什麼！

「我們開動了！」

地球太棒了喵，蜂蜜鮭魚好好吃喵。

「出任務真好。」

Kuroro吃得津津有味，

心想著下次要去哪裡

出任務呢？

95

拜拜喵！

國家圖書館出版品預行編目資料

Kuroro宇宙探查隊. 1, 消失的光之寶石 / 宇宙禮人文圖；
詹慕如譯. -- 第一版. -- 臺北市：親子天下股份有限公司,
2024.05
104面；14.8x21 公分
國語注音
ISBN 978-626-305-790-6(精裝)
1.CST: 環境教育 2.CST: 環境保護 3.CST: 繪本
445.99   11300374

YO! 讀本 ————————— 05

KURORO宇宙探查隊① 消失的光之寶石

作繪者｜宇宙禮人

譯者｜詹慕如

責任編輯｜張佑旭

美術設計｜蕭雅慧

行銷企劃｜翁郁涵

天下雜誌群創辦人｜殷允芃

董事長兼執行長｜何琦瑜

媒體暨產品事業群

總經理｜游玉雪

副總經理｜林彥傑

總編輯｜林欣靜

行銷總監｜林育菁

副總監｜蔡忠琦

版權專員｜何晨瑋、黃微真

出版者｜親子天下股份有限公司

地址｜台北市 104 建國北路一段 96 號 4 樓

電話｜(02) 2509-2800　傳真｜(02) 2509-2462

網址｜www.parenting.com.tw

讀者服務專線｜(02) 2662-0332　週一～週五：09:00~17:30

傳真｜(02) 2662-6048　客服信箱｜bill@cw.com.tw

法律顧問｜台英國際商務法律事務所・羅明通律師

製版印刷｜中原造像股份有限公司

總經銷｜大和圖書有限公司　電話：(02) 8990-2588

出版日期｜2024 年 5 月第一版第一次印行

定價｜380 元　書號｜BKKCB005P

ISBN｜978-626-305-790-6（平裝）

訂購服務

親子天下 Shopping｜shopping.parenting.com.tw

海外 ・ 大量訂購｜parenting@cw.com.tw

書香花園｜台北市建國北路二段 6 巷 11 號　電話 (02) 2506-1635

劃撥帳號｜50331356　親子天下股份有限公司 www.parenting.com.tw

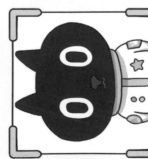

MISSION REPORT

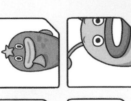

隊名 —— Kuroro 宇宙探查隊

任務 —— 重新找回光之寶石

任務簡介

聽說地球的守護神「神木之光」消失了，
黑暗的濃霧籠罩著大地。

必須重新找回神木之光，拯救地球喵！